プラスチック成形

Khuôn nhựa

<はじめに>

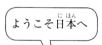
ようこそ日本へ

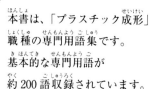
本書は、「プラスチック成形」職種の専門用語集です。
基本的な専門用語が約200語収録されています。

本書は、技能実習生だけでなく実習実施者の技能実習担当者の皆さんも使えるように編集されています。

<用語の調べ方>

● ベトナム語からの日本語を知りたいときは、第1章のベトナム語アルファベット順で調べてください。
　‥‥‥‥‥‥‥‥‥‥‥‥‥‥‥‥‥‥‥‥‥‥P6
● 日本語からのベトナム語を知りたいときは、第2章の日本語の五十音順で調べてください。
　‥‥‥‥‥‥‥‥‥‥‥‥‥‥‥‥‥‥‥‥‥‥P26

Lời nói đầu

Chào mừng các bạn đến Nhật Bản

Đây là bộ tài liệu thuật ngữ chuyên ngành trong lĩnh vực "Khuôn nhựa". Bao gồm khoảng 200 từ thuật ngữ chuyên ngành cơ bản.

Tài liệu này được tổng hợp không chỉ để dành cho các bạn tu nghiệp sinh kỹ thuật mà còn rất bổ ích trong việc hỗ trợ cho những nhân viên phụ trách huấn luyện đào tạo kỹ năng thuộc các cơ quan tổ chức thực hiện huấn luyện đào tạo.

Cách tra cứu thuật ngữ

- Khi cần tra cứu thuật ngữ từ Tiếng Việt sang Tiếng Nhật, vui lòng tham khảo theo Bảng chữ cái Tiếng Việt được thể hiện ở Chương I.
  .... P 6
- Khi cần tra cứu thuật ngữ từ Tiếng Nhật sang Tiếng Việt, vui lòng tham khảo theo thứ tự Bảng chữ cái Tiếng Nhật được thể hiện ở Chương II.
  .... P26

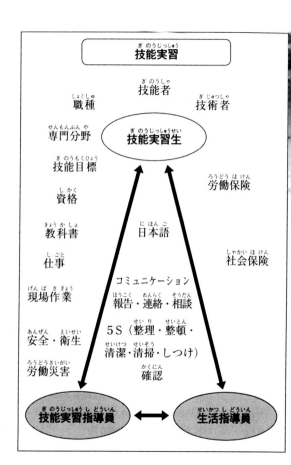

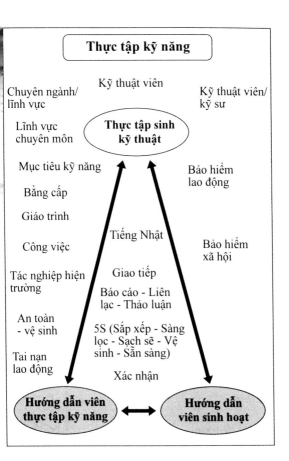

1. Từ Tiếng Việt qua Tiếng Nhật

	ベトナム語	日本語	イメージ図
1	5S	ごえす 5S	
2	Bavia	ばり バリ	
3	Bu lông vòng	あいぼると アイボルト	
4	Bàn cố định	こていばん 固定盤	
5	Bàn di động	かどうばん 可動盤	
6	Bàn khoan	ぼーるばん ボール盤	
7	Bàn máp	じょうばん 定盤	
8	Bạc lót	すりーぶ スリーブ	
9	Bắn ở lớp phong hóa	しょーとしょっと ショートショット	
10	Bệ để hàng	ぱれっと パレット	

	ベトナム語	日本語	イメージ図
11	Bộ gia nhiệt	ばんどひーた バンドヒータ	
12	Calip có mặt số (Đồng hồ đo)	だいやるげーじ ダイヤルゲージ	
13	Cao phân tử	こうぶんし 高分子	
14	Chiller (máy làm mát khuôn)	ちらー (かながたれいきゃくき) チラー (金型冷却機)	
15	Chu kỳ mở và đóng khuôn	かたかいへいすとろーく 型開閉ストローク	
16	Chuyển V-P	ぶい-ぴーきりかえ V-P切換え	V (射出行程) より P (保圧行程) へ切り替えること **V → P**
17	Chuẩn quy chiếu	きじゅんげーじ 基準ゲージ	
18	Chất bôi trơn khuôn	りけいざい 離型剤	
19	Chất trung gian	ばいたい 媒体	OIL・H₂O
20	Chế phẩm để mài	けんまざい 研磨剤	KENMA

	ベトナム語	日本語	イメージ図
21	Chốt dẫn hướng	がいどぴん ガイドピン	
22	Chốt xiên	あんぎゅらーぴん アンギュラーピン	
23	Chốt đẩy	えじぇくたぴん エジェクタピン	
24	Cong (vênh)	そり（まがり） そり（曲がり）	
25	Cân bằng đường dẫn	らんなーばらんす ランナーバランス	
26	Căn mẫu	ぶろっくげーじ ブロックゲージ	
27	Cường độ chịu kéo	ひっぱりつよさ 引張り強さ	
28	Cặp nhiệt điện	ねつでんつい 熱電対	
29	Cốc chính	たまいれかっぷ 玉いれカップ	
30	Cổng kiểu cánh quạt	ふぁんげーと ファンゲート	

	ベトナム語	日本語	イメージ図
31	Cổng kiểu màng	ふぃるむげーと フィルムゲート	
32	Cổng kiểu điểm chốt	ぴんぽいんとげーと ピンポイントゲート	
33	Cổng ngầm	さぶまりんげーと サブマリンゲート	
34	Cổng trực tiếp	だいれくとげーと ダイレクトゲート	
35	Cổng đĩa	でぃすくげーと ディスクゲート	
36	Cửa an toàn	あんぜんどあ 安全ドア	
37	Cửa van	げーと ゲート	
38	Cửa đập phẳng (kiểu) trượt	さいどげーと サイドゲート	
39	Cữ chặn	あんびる アンビル	
40	Cữ chặn có bánh cóc	らちぇっとすとっぷ ラチェットストップ	

	ベトナム語	日本語	イメージ図
41	Diện tích chiếu	とうえいめんせき 投影面積	
42	Du xích (vernier)	ふくしゃく(ばーにや) 副尺 (バーニヤ)	
43	Dung sai cho phép tối thiểu	さいしょうきょようこうさ 最小許容公差	
44	Dung sai cho phép tối đa	さいだいきょようこうさ 最大許容公差	
45	Dung sai kích thước	すんぽうこうさ 寸法公差	
46	Dầu bôi trơn	じゅんかつゆ 潤滑油	
47	Dầu thủy lực	さどうゆ 作動油	
48	Dập nổi nóng	ほっとすたんぴんぐ ホットスタンピング	
49	Dụng cụ kẹp	しめつけかなぐ 締付け金具	
50	Gia công thứ cấp	にじかこう 二次加工	

	ベトナム語	日本語	イメージ図
51	Giãn nở nhiệt	ねつぼうちょう 熱膨張	
52	Giũa	やすり	
53	Giữ áp suất	ほあつ 保圧	←力
54	Góc kéo	ぬきこうばい 抜き勾配	
55	Hàn siêu âm	ちょうおんぱようちゃく 超音波溶着	ホーン 接合面
56	Hình nón	てーぱ テーパ	
57	Hệ thống đường dẫn	らんなーしすてむ ランナーシステム	
58	Hộp đựng dầu	おいるかっぷ オイルカップ	
59	Khay	とれー トレー	
60	Khuôn	かながた 金型	

	ベトナム語	日本語	イメージ図
61	Khuôn ba tấm	すりーぷれーとかながた スリープレート金型	
62	Khuôn cán láng	かれんだーせいけい カレンダー成形	
63	Khuôn hai tấm	つーぷれーとかながた ツープレート金型	
64	Khuôn nén	あっしゅくせいけい 圧縮成形	
65	Khuôn phun	しゃしゅつせいけい 射出成形	
66	Khuôn thổi	ぶろーせいけい ブロー成形	
67	Khuôn ép đùn	おしだしせいけい 押出成形	
68	Khuôn đúc nhiều ngăn	たすうこどり 多数個取り	
69	Khớp nối	しんぶる シンブル	
70	Kiểm tra bên ngoài	がいかんけんさ 外観検査	

	ベトナム語	日本語	イメージ図
71	Kiểu bắt vít nối tiếp	いんらいんすくりゅーしき インラインスクリュー式	
72	Kéo lên	ほいすと ホイスト	
73	Kẹp	じょう ジョウ	
74	Kẹp nhiệt	ひーとにっぱ ヒートニッパ	
75	Kết dính bằng dung môi	ようざいせっちゃく 溶剤接着	
76	Kềm cắt	にっぱ ニッパ	
77	Kỹ thuật khuôn thổi	いんふれーしょんせいけい インフレーション成形	
78	Kỹ thuật khuôn đúc ống lót	いんさーとせいけい インサート成形	
79	Loại dẻo hóa trước	ぷりぷらしき プリプラ式	
80	Loại khớp nối	とぐるしき トグル式	

— 13 —

	ベトナム語	日本語	イメージ図
81	Làm nguội và hóa rắn	れいきゃくこか 冷却固化	
82	Lõi	こあ コア	
83	Lưỡi dao dùng để cắt kim loại	かなきりようのこば 金切用鋸刃	
84	Lẫn dị vật	いぶつこんにゅう 異物混入	
85	Lỗ hổng (lỗ)	ぼいど (きほう) ボイド (気泡)	
86	Lỗ hổng (vật đúc)	きゃびてぃ キャビティ	
87	Lỗ thoát khí	がすべんと ガスベント	
88	Lực kẹp khuôn	かたじめりょく 型締力	
89	Miếng lót chốt dẫn hướng	がいどぴんぶしゅ ガイドピンブシュ	
90	Miệng phun kiểu băng	たぶげーと タブゲート	

	ベトナム語	日本語	イメージ図
91	Miệng phun kiểu gối	おーばーらっぷげーと オーバーラップゲート	
92	Mài giũa chỗ lồi lên	ばふけんま バフ研磨	
93	Máy mài	ぐらいんだ グラインダ	
94	Máy nghiền	ふんさいき 粉砕機	
95	Máy sấy loại tuần hoàn không khí nóng	ねっぷうじゅんかんしきかんそうき 熱風循環式乾燥機	
96	Máy trộn (lật nghiêng)	こんごうき（たんぶら） 混合機（タンブラ）	
97	Máy điều chỉnh nhiệt độ khuôn	かながたおんどちょうせつき 金型温度調節機	
98	Mũi khoan	どりる ドリル	
99	Mặt vát	めんとり 面取り	
100	Nhiệt độ bình thường	じょうおん 常温	5~35℃

	ベトナム語	日本語	イメージ図
101	Nhào trộn	こんれん 混練	
102	Nhựa	ぷらすちっく プラスチック	??ほか わからないものは プラと思え
103	Nhựa ABS	えいびーえすじゅし ABS樹脂	
104	Nhựa AS	えいえすじゅし AS樹脂	
105	Nhựa kỹ thuật	えんぷら エンプラ	
106	Nhựa nhiệt dẻo	ねつかそせいぷらすちっく 熱可塑性プラスチック	
107	Nhựa nhiệt rắn	ねつこうかせいぷらすちっく 熱硬化性プラスチック	卵
108	Nhựa phế thải	はいぷらすちっく 廃プラスチック	
109	PET (Polyethylene terephthalate)	ぺっと(ぽりえちれんてれふたれーと) PET(ポリエチレンテレフタレート)	PET
110	Phun tia	じぇっていんぐ ジェッティング	

	ベトナム語	日本語	イメージ図
11	Phân tử	ぶんし 分子	
12	Phễu	ほっぱ ホッパ	
13	Phễu rót	すぷるー スプルー	
14	Phễu sấy nhựa	ほっぱどらいやー ホッパドライヤー	
15	Polyacetal (POM)	ぽりあせたーる ポリアセタール	
16	Polyamide (PA)	ぽりあみど ポリアミド	
17	Polycarbonate (PC)	ぽりかーぽねーと ポリカーボネート	コンパクトディスク
18	Polyethylene (PE)	ぽりえちれん ポリエチレン	袋
19	Polymethylmethacrylate (PMMA)	ぽりめたくりるさんめちる ポリメタクリル酸メチル	
120	Polypropylene (PP)	ぽりぷろぴれん ポリプロピレン	

	ベトナム語	日本語	イメージ図
121	Polystyrene (PS)	ぽりすちれん ポリスチレン	
122	Polyvinyl chloride (PVC)	ぽりえんかびにる ポリ塩化ビニル	
123	Rãnh dẫn nóng	ほっとらんなー ホットランナー	
124	Rãnh trượt hình tròn	えんけいらんなー 円形ランナー	
125	Sấy sơ bộ	よびかんそう 予備乾燥	
126	Sọc màu bạc (vệt màu bạc)	しるばーすとりーく (ぎんじょう) シルバーストリーク (銀条)	
127	Sọc màu đen	こくじょう 黒条	
128	Sụt áp suất	あつりょくそんしつ 圧力損失	
129	Thanh giằng	たいばー タイバー	
130	Thanh kim loại ngăn mở khuôn	かたびらきぼうしかなぐ 型開き防止金具	

	ベトナム語	日本語	イメージ図
31	Thay đổi vật liệu	ざいりょうかえ 材料替え	A → B A材よりB材へ
32	Thiết bị bôi trơn tập trung	しゅうちゅうきゅうゆそうち 集中給油装置	
33	Thiết bị cung cấp vật liệu	ざいりょうきょうきゅうそうち 材料供給装置	
34	Thiết bị lấy vật phẩm ra khỏi khuôn	せいひんとりだしそうち 製品取出装置	
35	Thiết bị phun	つきだしそうち 突出し装置	
36	Thước chính	ほんじゃく 本尺	ノギスの主要目盛
37	Thước cặp	のぎす ノギス	
38	Thước kẹp có du xích	でぷすすばー デプススバー	140 150
39	Thải khí	ぱーじ パージ	B ← A BをAで追い出す
40	Tiêu chuẩn Công nghiệp Nhật Bản (JIS)	にほんこうぎょうきかく(じす) 日本工業規格 (JIS)	JIS

— 19 —

	ベトナム語	日本語	イメージ図
141	Trao đổi nhiệt	でんどうねつ 伝導熱	
142	Trắc vi kế	まいくろめーた マイクロメータ	
143	Trục chính	すぴんどる スピンドル	
144	Tái chế	りさいくる リサイクル	
145	Tính cách điện	でんきぜつえんせい 電気絶縁性	
146	Tính dẻo	かそせい 可塑性	
147	Tính hút ẩm	きゅうしつせい 吸湿性	
148	Tính kết tinh	けっしょうせい 結晶性	
149	Tấm bàn ren	だいぷれーと ダイプレート	
150	Tấm giựt đuôi keo	らんなーすとりっぱーぷれーと ランナーストリッパープレート	

	ベトナム語	日本語	イメージ図
51	Tấm khuôn phía di động	かどうがわかたいた 可動側型板	
52	Tấm phía trên cố định	こていがわかたいた 固定側型板	
53	Tẩy bề mặt	はくり はく離	ABCがなくなること
54	Tỏa nhiệt cắt nghiền	せんだんはつねつ せん断発熱	
55	Tốc độ dòng nóng chảy	めるとふろーれーと メルトフローレート	
156	Tỷ lệ lỗi	ふりょうりつ 不良率	不良品数/成形総数
157	Uốn góc	こーなーあーる コーナーアール	
158	Viên nhỏ (pellet)	ぺれっと ペレット	
159	Vành	りぶ リブ	
160	Vòi phun	のずる ノズル	

	ベトナム語	日本語	イメージ図
161	Vòng định vị	ろけーとりんぐ ロケートリング	
162	Vô định hình	ひしょうせい 非晶性	
163	Vết lõm	ひけ	
164	Vết nứt (nứt thành rãnh)	くらっきんぐ (きれつ) クラッキング (亀裂)	
165	Vết nứt li ti (nứt)	くれーじんぐ (ひび) クレージング (ひび)	
166	Vệt dòng chảy	ふろーまーく フローマーク	
167	Xe nâng hàng	ふぉーくりふと フォークリフト	
168	Xe đẩy	だいしゃ 台車	
169	Áp lực phun	しゃしゅつあつりょく 射出圧力	
170	Áp lực trực tiếp	ちょくあつしき 直圧式	

	ベトナム語	日本語	イメージ図
71	Áp suất ngược	はいあつ 背圧	
72	Ép nóng	さーもふぉーみんぐ サーモフォーミング	
73	Đinh ốc	すくりゅー スクリュー	
74	Điều kiện khuôn	せいけいじょうけん 成形条件	温度 圧力 時間 速度
75	Đo kích thước	すんぽうそくてい 寸法測定	
76	Đánh bóng	つやだし	
77	Đánh dấu khuôn	かたきず 型きず	
78	Đóng gói gộp	おーばーぱっく オーバーパック	
79	Đường dẫn	らんなー ランナー	
80	Đường dẫn hình chữ U	ゆーじがたらんなー U字型ランナー	

	ベトナム語	日本語	イメージ図
181	Đường dẫn hình thang	だいけいらんなー 台形ランナー	
182	Đường hàn	うえるどらいん ウエルドライン	
183	Đường phân khuôn	ぱーてぃんぐらいん パーティングライン	
184	Đầu kẹp mũi khoan	どりるちゃっく ドリルチャック	
185	Đậu rót kiểu vòng	りんぐげーと リングゲート	
186	Đế khuôn	もーるどべーす モールドベース	
187	Đế đỡ	かませ	
188	Định luật Pascal	ぱすかるのげんり パスカルの原理	
189	Đồng hồ đo chiều cao	はいとげーじ ハイトゲージ	
190	Đổ đầy	じゅうてん 充填	

	ベトナム語	日本語	イメージ図
91	Độ co khuôn	せいけいしゅうしゅく 成形収縮	
92	Độ dày của thành	にくあつ 肉厚	
93	Độ phẳng	へいめんど 平面度	
94	Độ tán sắc	ばらつき	
95	Động cơ servo	さーぼもーた サーボモータ	
96	Đục lỗ tâm	せんたーぽんち センターポンチ	
97	Ống đo mực dầu	おいるげーじ オイルゲージ	
98	Ống đúc thổi	ぱりそん パリソン	
99	Ủ thép (xử lý nhiệt)	あにーりんぐ (ねつしょり) アニーリング (熱処理)	
200	Ủng bảo hộ lao động	あんぜんぐつ 安全靴	

2. Từ Tiếng Nhật qua Tiếng Việt

日本語	ベトナム語	
あいぼると アイボルト	Bu lông vòng	3
あっしゅくせいけい 圧縮成形	Khuôn nén	64
あつりょくそんしつ 圧力損失	Sụt áp suất	120
あにーりんぐ（ねつしょり） アニーリング（熱処理）	Ủ thép (xử lý nhiệt)	199
あんぎゅらーぴん アンギュラーピン	Chốt xiên	22
あんぜんぐつ 安全靴	Ủng bảo hộ lao động	200
あんぜんどあ 安全ドア	Cửa an toàn	36
あんびる アンビル	Cữ chặn	39
いぶつこんにゅう 異物混入	Lẫn dị vật	84
いんさーとせいけい インサート成形	Kỹ thuật khuôn đúc ống lót	78
いんふれーしょんせいけい インフレーション成形	Kỹ thuật khuôn thổi	77
いんらいんすくりゅーしき インラインスクリュー式	Kiểu bắt vít nối tiếp	71

日本語	ベトナム語	
うえるどらいん ウエルドライン	Đường hàn	182
えいえすじゅし AS樹脂	Nhựa AS	104
えいびーえすじゅし ABS樹脂	Nhựa ABS	103
えじぇくたぴん エジェクタピン	Chốt đẩy	23
えんけいらんなー 円形ランナー	Rãnh trượt hình tròn	124
えんぷら エンプラ	Nhựa kỹ thuật	105
おいるかっぷ オイルカップ	Hộp đựng dầu	58
おいるげーじ オイルゲージ	Ống đo mực dầu	197
おーばーぱっく オーバーパック	Đóng gói gộp	178
おーばーらっぷげーと オーバーラップゲート	Miệng phun kiểu gối	91
おしだしせいけい 押出成形	Khuôn ép đùn	67
がいかんけんさ 外観検査	Kiểm tra bên ngoài	70

日本語	ベトナム語	
がいどぴん ガイドピン	Chốt dẫn hướng	21
がいどぴんぶしゅ ガイドピンブシュ	Miếng lót chốt dẫn hướng	89
がすべんと ガスベント	Lỗ thoát khí	87
かそせい 可塑性	Tính dẻo	14
かたかいへいすとろーく 型開閉ストローク	Chu kỳ mở và đóng khuôn	15
かたきず 型きず	Đánh dấu khuôn	17
かたじめりょく 型締力	Lực kẹp khuôn	88
かたびらきぼうしかなぐ 型開き防止金具	Thanh kim loại ngăn mở khuôn	130
かどうがわかたいた 可動側型板	Tấm khuôn phía di động	15
かどうばん 可動盤	Bàn di động	5
かながた 金型	Khuôn	60
かながたおんどちょうせつき 金型温度調節機	Máy điều chỉnh nhiệt độ khuôn	97

日本語	ベトナム語	
かなきりようのこば 金切用鋸刃	Lưỡi dao dùng để cắt kim loại	83
かませ	Đế đỡ	187
かれんだーせいけい カレンダー成形	Khuôn cán láng	62
きじゅんげーじ 基準ゲージ	Chuẩn quy chiếu	17
きゃびてぃ キャビティ	Lỗ hổng (vật đúc)	86
きゅうしつせい 吸湿性	Tính hút ẩm	147
ぐらいんだ グラインダ	Máy mài	93
くらっきんぐ(きれつ) クラッキング(亀裂)	Vết nứt (nứt thành rãnh)	164
くれーじんぐ(ひび) クレージング(ひび)	Vết nứt li ti (nứt)	165
げーと ゲート	Cửa van	37
けっしょうせい 結晶性	Tính kết tinh	148
けんまざい 研磨剤	Chế phẩm để mài	20

日本語	ベトナム語	
こあ コア	Lõi	8:
こーなーあーる コーナーアール	Uốn góc	15
こうぶんし 高分子	Cao phân tử	1:
ごえす 5S	5S	1
こくじょう 黒条	Sọc màu đen	12
こていがわかたいた 固定側型板	Tấm phía trên cố định	15:
こていばん 固定盤	Bàn cố định	4
こんごうき(たんぶら) 混合機(タンブラ)	Máy trộn (lật nghiêng)	96
こんれん 混練	Nhào trộn	10
さーぽもーた サーボモータ	Động cơ servo	19
さーもふぉーみんぐ サーモフォーミング	Ép nóng	172
さいしょうきょようこうさ 最小許容公差	Dung sai cho phép tối thiểu	43

日本語	ベトナム語	
さいだいきょようこうさ 最大許容公差	Dung sai cho phép tối đa	44
さいどげーと サイドゲート	Cửa đập phẳng (kiểu) trượt	38
ざいりょうかえ 材料替え	Thay đổi vật liệu	131
ざいりょうきょうきゅうそうち 材料供給装置	Thiết bị cung cấp vật liệu	133
さどうゆ 作動油	Dầu thủy lực	47
さぶまりんげーと サブマリンゲート	Cổng ngầm	33
じぇってぃんぐ ジェッティング	Phun tia	110
しめつけかなぐ 締付け金具	Dụng cụ kẹp	49
しゃしゅつあつりょく 射出圧力	Áp lực phun	169
しゃしゅつせいけい 射出成形	Khuôn phun	65
しゅうちゅうきゅうゆそうち 集中給油装置	Thiết bị bôi trơn tập trung	132
じゅうてん 充填	Đổ đầy	190

日本語	ベトナム語	
じゅんかつゆ 潤滑油	Dầu bôi trơn	46
じょう ジョウ	Kẹp	73
じょうおん 常温	Nhiệt độ bình thường	10
じょうばん 定盤	Bàn máp	7
しょーとしょっと ショートショット	Bắn ở lớp phong hóa	9
しるばーすとりーく(ぎんじょう) シルバーストリーク(銀条)	Sọc màu bạc (vệt màu bạc)	120
しんぶる シンブル	Khớp nối	69
すくりゅー スクリュー	Đinh ốc	173
すぴんどる スピンドル	Trục chính	143
すぷるー スプルー	Phễu rót	113
すりーぶ スリーブ	Bạc lót	8
すりーぷれーとかながた スリーブレート金型	Khuôn ba tấm	61

日本語	ベトナム語	
すんぽうこうさ 寸法公差	Dung sai kích thước	45
すんぽうそくてい 寸法測定	Đo kích thước	175
せいけいしゅうしゅく 成形収縮	Độ co khuôn	191
せいけいじょうけん 成形条件	Điều kiện khuôn	174
せいひんとりだしそうち 製品取出装置	Thiết bị lấy vật phẩm ra khỏi khuôn	134
せんたーぽんち センターポンチ	Đục lỗ tâm	196
せんだんはつねつ せん断発熱	Tỏa nhiệt cắt nghiền	154
そり(まがり) そり(曲がり)	Cong (vênh)	24
だいけいらんなー 台形ランナー	Đường dẫn hình thang	181
だいしゃ 台車	Xe đẩy	168
たいばー タイバー	Thanh giằng	129
だいぷれーと ダイプレート	Tấm bàn ren	149

日本語	ベトナム語	
だいやるげーじ ダイヤルゲージ	Calip có mặt số (Đồng hồ đo)	12
だいれくとげーと ダイレクトゲート	Cổng trực tiếp	34
たすうこどり 多数個取り	Khuôn đúc nhiều ngăn	68
たぶげーと タブゲート	Miệng phun kiểu băng	90
たまいれかっぷ 玉いれカップ	Cốc chính	29
ちょうおんぱようちゃく 超音波溶着	Hàn siêu âm	55
ちょくあつしき 直圧式	Áp lực trực tiếp	170
ちらー(かながたれいきゃくき) チラー(金型冷却機)	Chiller (máy làm mát khuôn)	14
つーぷれーとかながた ツープレート金型	Khuôn hai tấm	63
つきだしそうち 突出し装置	Thiết bị phun	135
つやだし	Đánh bóng	176
でぃすくげーと ディスクゲート	Cổng đĩa	35

日本語	ベトナム語	
てーぱ テーパ	Hình nón	56
でぷすすばー デプススバー	Thước kẹp có du xích	138
でんきぜつえんせい 電気絶縁性	Tính cách điện	145
でんどうねつ 伝導熱	Trao đổi nhiệt	141
とうえいめんせき 投影面積	Diện tích chiếu	41
とぐるしき トグル式	Loại khớp nối	80
どりる ドリル	Mũi khoan	98
どりるちゃっく ドリルチャック	Đầu kẹp mũi khoan	184
とれー トレー	Khay	59
にくあつ 肉厚	Độ dày của thành	192
にじかこう 二次加工	Gia công thứ cấp	50
にっぱ ニッパ	Kềm cắt	76

日本語	ベトナム語	
にほんこうぎょうきかく(じす) 日本工業規格(JIS)	Tiêu chuẩn Công nghiệp Nhật Bản (JIS)	14
ぬきこうばい 抜き勾配	Góc kéo	54
ねつかそせいぷらすちっく 熱可塑性プラスチック	Nhựa nhiệt dẻo	10
ねつこうかせいぷらすちっく 熱硬化性プラスチック	Nhựa nhiệt rắn	10
ねつでんつい 熱電対	Cặp nhiệt điện	28
ねっぷうじゅんかんしきかんそうき 熱風循環式乾燥機	Máy sấy loại tuần hoàn không khí nóng	95
ねつぼうちょう 熱膨張	Giãn nở nhiệt	51
のぎす ノギス	Thước cặp	137
のずる ノズル	Vòi phun	160
ぱーじ パージ	Thải khí	139
ぱーてぃんぐらいん パーティングライン	Đường phân khuôn	183
はいあつ 背圧	Áp suất ngược	171

日本語	ベトナム語	
ばいたい 媒体	Chất trung gian	19
はいとげーじ ハイトゲージ	Đồng hồ đo chiều cao	189
はいぷらすちっく 廃プラスチック	Nhựa phế thải	108
はくり はく離	Tẩy bề mặt	153
ぱすかるのげんり パスカルの原理	Định luật Pascal	188
ばふけんま バフ研磨	Mài giũa chỗ lồi lên	92
ばらつき	Độ tán sắc	194
ばり バリ	Bavia	2
ぱりそん パリソン	Ống đúc thổi	198
ぱれっと パレット	Bệ để hàng	10
ばんどひーた バンドヒータ	Bộ gia nhiệt	11
ひけ	Vết lõm	163

日本語	ベトナム語	
ひしょうせい 非晶性	Vô định hình	16
ひっぱりつよさ 引張り強さ	Cường độ chịu kéo	27
ひーとにっぱ ヒートニッパ	Kẹp nhiệt	74
ぴんぽいんとげーと ピンポイントゲート	Cổng kiểu điểm chốt	32
ふぁんげーと ファンゲート	Cổng kiểu cánh quạt	30
ぶい-ぴーきりかえ V-P切換え	Chuyển V-P	16
ふぃるむげーと フィルムゲート	Cổng kiểu màng	31
ふぉーくりふと フォークリフト	Xe nâng hàng	16
ふくしゃく(ばーにや) 副尺(バーニヤ)	Du xích (vernier)	42
ぷらすちっく プラスチック	Nhựa	102
ぷりぷらしき プリプラ式	Loại dẻo hóa trước	79
ふりょうりつ 不良率	Tỷ lệ lỗi	156

日本語	ベトナム語	
ぶろーせいけい ブロー成形	Khuôn thổi	66
ふろーまーく フローマーク	Vệt dòng chảy	166
ぶろっくげーじ ブロックゲージ	Căn mẫu	26
ふんさいき 粉砕機	Máy nghiền	94
ぶんし 分子	Phân tử	111
へいめんど 平面度	Độ phẳng	193
ぺっと(ぽりえちれんてれふたれーと) PET(ポリエチレンテレフタレート)	PET (Polyethylene terephthalate)	109
ぺれっと ペレット	Viên nhỏ (pellet)	158
ほあつ 保圧	Giữ áp suất	53
ほいすと ホイスト	Kéo lên	72
ぼーるばん ボール盤	Bàn khoan	6
ぼいど(きほう) ボイド(気泡)	Lỗ hổng (lỗ)	85

日本語	ベトナム語	
ほっとすたんぴんぐ ホットスタンピング	Dập nổi nóng	48
ほっとらんなー ホットランナー	Rãnh dẫn nóng	12
ほっぱ ホッパ	Phễu	11
ほっぱどらいやー ホッパドライヤー	Phễu sấy nhựa	11
ぽりあせたーる ポリアセタール	Polyacetal (POM)	11
ぽりあみど ポリアミド	Polyamide (PA)	116
ぽりえちれん ポリエチレン	Polyethylene (PE)	118
ぽりえんかびにる ポリ塩化ビニル	Polyvinyl chloride (PVC)	122
ぽりかーぼねーと ポリカーボネート	Polycarbonate (PC)	117
ぽりすちれん ポリスチレン	Polystyrene (PS)	121
ぽりぷろぴれん ポリプロピレン	Polypropylene (PP)	120
ぽりめたくりるさんめちる ポリメタクリル酸メチル	Polymethylmethacrylate (PMMA)	119

日本語	ベトナム語	
ほんじゃく 本尺	Thước chính	136
まいくろめーた マイクロメータ	Trắc vi kế	142
めるとふろーれーと メルトフローレート	Tốc độ dòng nóng chảy	155
めんとり 面取り	Mặt vát	99
もーるどべーす モールドベース	Đế khuôn	186
やすり	Giũa	52
ゆーじがたらんなー U字型ランナー	Đường dẫn hình chữ U	180
ようざいせっちゃく 溶剤接着	Kết dính bằng dung môi	75
よびかんそう 予備乾燥	Sấy sơ bộ	125
らちぇっとすとっぷ ラチェットストップ	Cữ chặn có bánh cóc	40
らんなー ランナー	Đường dẫn	179
らんなーしすてむ ランナーシステム	Hệ thống đường dẫn	57

日本語	ベトナム語	
らんなーすとりっぱーぷれーと ランナーストリッパープレート	Tấm giựt đuôi keo	15
らんなーばらんす ランナーバランス	Cân bằng đường dẫn	25
りけいざい 離型剤	Chất bôi trơn khuôn	18
りさいくる リサイクル	Tái chế	14
りぶ リブ	Vành	15
りんぐげーと リングゲート	Đậu rót kiểu vòng	18
れいきゃくこか 冷却固化	Làm nguội và hóa rắn	81
ろけーとりんぐ ロケートリング	Vòng định vị	161

外国人技能実習生のための専門用語対訳集
「プラスチック成形」(ベトナム語版)

2015 年 8 月	初版	
2016 年 11 月	2 刷	
2018 年 3 月	2 版 1 刷	
2019 年 11 月	2 版 2 刷	
2023 年 1 月	3 版	

発行　　　公益財団法人　国際人材協力機構
　　　　　教材センター

〒108-0023　東京都港区芝浦 2-11-5
　　　　　　五十嵐ビルディング 11 階
　　　　　　Tel：03-4306-1110
　　　　　　Fax：03-4306-1116

ホームページ　　https://www.jitco.or.jp/
教材オンラインショップ　https://onlineshop.jitco.or.jp

©2023 JAPAN INTERNATIONAL TRAINEE & SKILLED WORKER
COOPERATION ORGANIZATION
All Rights Reserved.

本書の全部または一部を無断で複写（コピー）、複製、転載すること（電子媒体への加工を含む）は、著作権法上での例外を除き、禁じられています。